BAIWEI YANHUO

百味烟火

本书编委会 编

新疆科学技术出版社

图书在版编目（CIP）数据

百味烟火 / 本书编委会编 . —乌鲁木齐：新疆科学
技术出版社，2022.5（知味新疆）
ISBN 978-7-5466-5203-0

Ⅰ . ①百… Ⅱ . ①本… Ⅲ . ①饮食－文化－新疆－普及
读物 Ⅳ . ① TS971.202.45-49

中国版本图书馆 CIP 数据核字（2022）第 255742 号

选题策划	唐 辉	张 莉		
项目统筹	李 雯	白国玲		
责任编辑	刘晓芳			
责任校对	牛 兵			
技术编辑	王 玺			
设 计	赵雷勇	陈 上	邓伟民	杨筱童
制作加工	欧 东	谢佳文		

出版发行	新疆科学技术出版社
地 址	乌鲁木齐市延安路 255 号
邮 编	830049
电 话	(0991) 2870049 2888243 2866319（Fax）
经 销	新疆新华书店发行有限责任公司
制 版	乌鲁木齐形加意图文设计有限公司
印 刷	北京雅昌艺术印刷有限公司
开 本	787 毫米 × 1092 毫米 1 / 16
印 张	6.25
字 数	100 千字
版 次	2022 年 12 月第 1 版
印 次	2022 年 12 月第 1 次印刷
定 价	39.80 元

丛书编辑出版委员会

顾　　问　石永强　韩子勇

主　　任　李翠玲

副主任（执行）　唐　辉　孙　刚

编　　委　张　莉　郑金标　梅志俊　芦彬彬　董　刚

　　　　　刘雪明　李敬阳　李卫疆　郭宗进　周泰瑢

　　　　　孙小勇

作品指导　鞠　利

出品单位

新疆人民出版社（新疆少数民族出版基地）

新疆科学技术出版社

新疆雅辞文化发展有限公司

目　录

人间趣味，多半寄于箪食瓢饮。

袅袅炊烟、火红炉膛，简单、安宁，
有味道，有温度，
这就是百味烟火平凡中的诗意。

人生之串

红柳烤肉

烧烤的诱惑是最难以抗拒的，因为它延续了人类超越本能的智慧，激发了最原始的美食感受。火使人类开创了进化的新时代，走进了一个全新的美味领域。

烤肉，在新疆烧烤食物里最为常见。

烤肉的传统做法很简单，切块儿的羊肉肥瘦搭配着串在签子上，然后在烤肉槽上翻烤，快熟时撒上辣椒面、孜然和盐，烧烤独特的香味便弥漫开来。

也有很多地方，烤肉时只以盐为佐料——他们对羊肉的品质和自己的手艺都有足够的信心。简单的烤制，时刻撩拨着人们的味蕾。

在烤肉槽上翻烤。

撒上辣椒面、孜然和盐。

简单的烤制，时刻撩拨着人们的饕餮之欲。

新疆巴楚县，位于天山南麓，塔克拉玛干沙漠边缘，曾是古代"丝绸之路"上的重要驿站，现在则是全疆闻名的"烧烤之乡"。巴楚的红柳烤肉，更是烤肉中的人气担当。

买买提·热合曼是一名厨师，但这一次的红柳烤肉，不是为了别的食客，而是为了招待朋友艾尼瓦尔。

红柳烤肉，因为烤肉签为红柳枝条而得名。

所以想要烤出品相、口味俱佳的红柳烤肉，制作好的烤肉签是必不可少的环节。

要选择粗细适中、无节、笔直的红柳枝。洗净后切成长短一致的短枝，再把略细的一头削尖，一个烤肉签就制成了。

把新鲜的羊腿肉切好，穿在红柳签上，浸入泉水中。从戈壁取回的水，大多呈碱性，浸泡过的羊肉，血腥味会被清掉，烤肉的口感自然也就更出色了。

把泡好的肉串放到烧好的炭坑上，在炭火的作用下，羊肉慢慢变色，羊油析出。买买提·热合曼留意着肉串的色泽，不时翻烤，在最合适的时机，撒上盐巴，滋滋冒油的红柳烤肉很快就完成了。

羊肉的原生之香与红柳枝浓郁的果木香气，在炭火的炙烤下，产生了奇妙的反应，令人食欲大振。

这，是一道很棒的美味。

买买提·热合曼和艾尼瓦尔坐在胡杨树下，吃着美味，同时也享受着相聚的欢愉时光。

最美好的味道，离不开孕育它的乡土。

多少以梦为马的新疆人，带着对美好世界的向往，奔赴远方。美食的记忆，留于舌尖；而对于家乡的眷念浓情，却深藏心底。

烤肉是新疆美食的"灵魂"。烧烤摊、烤肉店，大街小巷寻常见，食肆坊间几度闻。制作烧烤的新疆人几乎都有一把神奇的小扇子，能把滚滚的肉香味送到人们的面前。变化无穷的火焰，吱吱作响的食物，以最原始的炙烤方

式变成美味。尤其是肉类，在烧烤过程中，由最初的鲜红，在火焰中化身为鲜嫩多汁、外焦里嫩的美味。入口后，那种缠绕于舌尖的复合味道，用"满足"一词已不足以道之。

从考古资料看，早在 1800 年前，中国就已经有了烤羊肉串。20 世纪 80 年代，考古专家在鲁南地区临沂市五里堡村发现了一座东汉晚期的残墓，出土了两方刻有烤肉串的画像石。画像中用两根叉的工具串肉，放在鼎上烧烤，

并用扇子煽火，这两幅庖厨图反映出了当时鲁南民间的
饮食风俗。据史料记载，古人都有"炙""燔"肉的嗜好。
在西汉马王堆一号墓中，就出土了有关饮食的遗册，其
中就有"牛炙""犬肋炙""鹿炙""鸡炙"等烤动物肉的
资料。

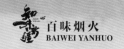

不同地域，烤肉的原料和做法大致相似，但是烤出来的味道却不尽相同。新疆的维吾尔族、哈萨克族、柯尔克孜族、塔吉克族、蒙古族、俄罗斯族等少数民族都有烧烤肉类的传统，并有各自独特的种类和口味。烤肉已成为新疆的美食名片。

新疆人以吃羊肉而著名，羊肉的烹饪方式可谓花样繁多，而烧烤则是所有方式里最古老也被使用最多的一种。这种源于人类刚刚开始学习使用火而创造的烹饪方式，几乎原汁原味地保留在了新疆人的餐饮习惯中。

新疆人的烤肉，肥瘦比例是关键，这会直接影响食客的口感。一般人们会将羊肉、羊油切成麻将大小，腌制一段时间后再用铁钎穿成一串。由于瘦肉和肥肉的口感不同，

新疆人的烤肉，肥瘦比例是关键，这会直接影响食客的口感。

不同的烧烤

穿肉串时讲究两瘦夹一肥，因此每一串烤肉都会给食客带来不同的味觉刺激。新疆人的烤肉，火候的拿捏是极为重要的，一般不用大火烧，也不用火烟熏，而是将羊肉串横架在炭烤炉上，用无烟火远距离地边焗边烤，边烤边不停地翻转，让羊肉内外上下均匀受热，待羊肉串两面烤至出油时，色泽焦黄油亮、肉质焦嫩爽口的羊肉串才得以大功告成。五串烤肉配一个馕，是新疆人最为经典的吃法。烤肉师傅在烤肉时，将馕覆盖在一把羊肉串上，一边加热，一边将羊肉渗出的油脂抹在馕上，然后一起送到食客手中。

对于每个烧烤爱好者而言，最不能错过的地方就是被誉为"西域串都"的新疆巴楚。巴楚，是巴尔楚克的简称。巴楚地区多低地草甸，草甸中遍地都是苇草、苜蓿、骆驼刺以及野蘑菇，还有甘草、马兰等药材，是无污染的天然牧场。从天山上流下来的雪水洁净而甘甜，植被十分丰富。因此，生活在草原药谷中的巴尔楚克羊喝着雪水，吃着野生的植物与药材，又不停地做着有氧运动，故而肉质细嫩绵实。同时，低地草甸的土壤又属于盐碱地，土壤中含有丰富的矿物质，以至于巴尔楚克羊没有一丝膻味，肉味极佳，是羊肉中的上品。

红柳烤肉就是巴楚地区的一大特色，被称为"自然流派"。当地人就地取材，将红柳枝削成木签，穿起厚实硕大的羊肉块，足足有半斤的分量，这大概也是当地的"行业标准"。在炭火的烘烤下，新鲜的红柳枝会分泌出黏稠的红柳汁液，不但可以分解掉羊肉的腥膻，还会把红柳枝散发出的独特清香融入与它接触的每一块羊肉中。

沉默的烤肉师傅们眼睛观着肉色，手里翻着烤肉签，鼻子闻着肉香，全是技术活。烤出来的红柳大串既保留了羊肉的鲜香，又多了份红柳枝的清香。一落肚，一回味，满腹生香。大块的羊肉也让尽量多的肉汁都锁在了肉块里，达到外焦里嫩、肉厚多汁的效果。沉甸甸的肉串拿在手里，真正让人体味到大块吃肉的精髓。正宗的红柳烤肉，红柳枝都是一次性的，只有新鲜的红柳枝才能在炭烤的过程中，散发出沁人心脾的味道。

红柳是南疆地区一种随处可见的植物，主要生长于沙质和盐碱化的土地，学名"柽柳"。柽柳，别名垂丝柳、西河柳、西湖柳、红柳、阴柳，是柽柳科柽柳属植物。柽柳的嫩枝叶是中药材，产于中国各地，鲜用或干用。柽柳枝条细柔、姿态婆娑，开花如红蓼，颇为美观。常作为庭院观赏植物栽培。它发达的根系最深可达 30 多米，树高通常在 2~3 米。看似柔弱娇艳的外表下，掩藏着的是红柳朴素而坚韧的性格。被称作"沙漠卫士"的红柳，能适应极端恶劣的沙漠环境，不论是沙漠表面 70℃的高温，还是 –25℃的严寒，只要有一丝水分存在，红柳就能用它柔韧而细长的繁茂根系牢牢地抓住身边的沙土，旺盛地生长着。在巴楚地区，经常能看见叶绿花红的红柳，春天的嫩枝和绿叶可供药用，就算冬日叶片凋落，枝干的末端也是红色的，为冬天的戈壁增添了一抹亮色。

巴楚地区的红柳烤肉以突出食物的本味为上乘，基本可以分为两大类。一种烧烤叫"清烤"，除了必不可少的盐外，不放其他任何调料。这对羊肉的要求很高，需得十足的新鲜，要的就是品尝羊肉的原香，如同沙漠上阳光的味道一般浓烈。还有一种则是人们最习以为常的烤法，添加了辣椒面、孜然、椒盐等各种调料，充分满足新疆人重油重辣的浓烈口味，也是最传统和最原始的沙漠风味。

如果说，新疆羊肉串是中国当代烧烤的佼佼者，那么孜然就是打开羊肉串大门的钥匙。孜然，又名枯茗、孜然芹，

是世界公认的"调味品之王",适宜肉类烹调,也可作为香料使用。主要分布于中国、印度、伊朗、埃及等国家。孜然,在维吾尔语药名中被称为"小茴香",在新疆,它不仅是最重要的调料之一,还是维吾尔族医药中必不可少的药材之一,具有祛寒除湿、理气开胃等功效。在烧烤的过程中,孜然经高温加热或遇油时,香味会越来越浓烈,祛除腥膻异味的同时也能中和肉类的油腻,因此成为新疆烧烤必不可少的元素之一。

新疆的烤肉种类繁多，烧烤的样式更是多种多样，让人大开眼界。一烤羊腿外皮金黄油亮，用手拿起，使劲咬一口，表皮酥脆，滋味十足，肉汁饱满，鲜嫩无比。

软糯可口、肥瘦适宜的烤羊排最是招人喜爱。烤制时火候适中，入口时层次分明，浓郁的肉香浸润着口腔。肉质酥香，在唇齿间脱骨时可以啜到贴在骨头上的肉汁，犹如惊鸿一瞥，回味悠长。倘若狼吞虎咽，可就得不到那般滋味了。

爱好烤羊杂的人就更不会失望了，烤羊腰、烤羊肝、烤羊心、烤羊肠、烤羊肚、烤板筋、烤嗇脾、烤心管等应有尽有。烤羊肚带着羊肚子特有的草香，柔韧耐嚼。烤板筋有着征服者的快感，一片片方正黄白的板筋裹挟着

新疆烧烤的种类

香料，入口后在咀嚼间体味咸、辣、香、韧的多重诱惑。烤羊肝里最让人惊喜的，自然要数油包肝了。用快刀把羊肝切成丁，借助食材自身的黏性捏成直径六七厘米的团子，从羊肠内壁仔细剥下羊油膜，将其层层包紧，穿成一串。烤熟之后，羊油全都渗透到羊肝里，使羊肝更加细腻嫩滑，并含有一丝焦香，在孜然与辣椒的香气催化下，味道十分独特。

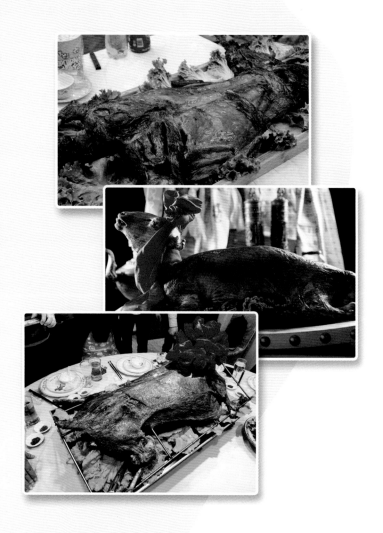

在烧烤底蕴极为深厚的新疆，烤全羊是新疆人待客最高端的美食。烤全羊这种最古老的烹饪美味，应该源于人类熟食之初的野火烤食。不同的烤制方法创造出不同的味觉感受。色红皮酥如挂炉烤鸭，汁稠软嫩如炭火烤鱼，焦香浓烈如串烤羊肉，金黄柔嫩如焖炉烤羊。

"熟物之法，最重火候"，一种美味的成败关键在于恰到好处的烹饪时间。一顿烧烤下肚，唇齿间芳香留存。吃肉的姿态，是对烤肉师傅最好的赞美，而回味的瞬间，则是对新疆烤肉最大的认可。

串，是中国烧烤的基本形态；肉，是人类烧烤的共同主题。在巴楚地区吃红柳烤肉，绝对不是为了填饱肚子那么简单，舌尖上的幸福才是美味的归地。如果说，炙烈的火焰烧烤是人类原始文明延绵的见证，那羊肉串就是相逢最好的理由，与人相逢，与景相逢，更是与舌尖味蕾的满足相逢。当历经千年的烧烤故事、四季生长的自然食物、历久弥香的各味香料在炭火中完美融合，也是天时、地利、人和的完美融合。

串，是中国烧烤的基本形态；肉，是人类烧烤的共同主题。

沙漠珍珠

烤　蛋

不论是人们手中的简朴美味，还是餐桌上的精致菜肴，承袭的都是自然的馈赠与记忆的味道。

烤肉、烤蔬菜甚至烤羊腿面包，在新疆人看来，都属平常，毕竟，这是一个连鸡蛋、鹅蛋等都会拿来烤制的地方。

最初，人们所获知的关于烤蛋的故事，大多是将鸡蛋埋进被阳光晒得滚烫的沙里，甚至与烟火无关。但烤蛋的面目却并非全然如此。

位于昆仑山北麓、塔克拉玛干大沙漠南缘的新疆和田地区，到处可以品尝到当地独特的风味小吃——烤蛋。

虽然这是常见的食物，但能做出美味烤蛋的人并不很多。

阿依姆昵萨把蛋一颗颗拿起来，对着灯光仔细检查，她要挑选出好蛋，以满足夜市上的生意。

19 年来，阿依姆昵萨每天都会在和田的夜市上卖烤蛋。生意好的时候，一晚上可以卖掉两三百个。

烤蛋的做法分为两种。一种是把各种蛋洗净后擦干，放到炭灰里，用炭灰的温度烤熟，剥壳即可食用。撒上一层精盐和辣椒粉味道会更丰富。

另外一种烤蛋，需要使用鹅蛋，制作方法也要考究很多。烤之前，先将鹅蛋一头敲个洞，剥去鹅蛋顶部的壳，倒出蛋清，留下蛋黄，加入鸽子蛋和土鸡蛋蛋液，搅拌均匀，再加入鹿茸粉、蜂蜜、藏红花，立着煨入炭灰，烤制 10 分钟后就可食用。

和田夜市

高温烤过的蛋壳非常脆，剥开需要些耐心。但烤好的蛋，蛋清口感柔韧，蛋黄香浓甘绵，是难得的风味。

千百年来，生于沙漠中的人们，早就学会了与沙子和谐相处。他们根据沙漠环境因地制宜、就地取材，在炎热的夏季利用沙漠的温度烤熟食物，尽享美食。可是当短暂的夏季过后，人们依然眷恋美食，这就激发了和田人民的智慧和创造力。他们喜欢追求热性的食物，他们认为，热性的食物对个人的身体和精神都有益处，认为只有热性的身体和精神才能与热性的沙漠环境相匹配。

蛋清口感柔韧，蛋黄香浓甘绵，是难得的风味。

40

夜幕降临，华灯初上，和田市夜市开始热闹起来，来自
四面八方的游客在这里尽情领略着和田独特的滋味与风
情。这里，汇聚了天南地北的各种美食，夜市里的繁华
与丰富，映照了和田地区最真实的生活气息。

在和田地区有众多带"烤"字的美食，烤肉、烤包子、烤鸡、烤鱼、烤馕、烤鸽子、烤南瓜，等等，数不胜数。也许是因为烤制的食物更接近食物原始的吃法，人与食物的联系更加自然；或许是因为他们不讲究食物的精美，而是更在意食物的原味。无论如何，与烤全羊相比，烤蛋应该是所有新疆烤制美味中最为低调的一种烤制食品，如果不留意，很容易就会在琳琅满目的夜市摊位中与它擦肩而过。

一个大铁盆中埋着一堆炭灰，炭灰中的铁架上摆放着数只泛着焦黄的蛋，构成了和田夜市中一道独特的风景线。和田烤蛋，不但深受当地老百姓和外地游客的喜爱，而且还成为和田市各大宾馆、饭店和当地百姓招待宾客的一道别具风味的美食。

烤蛋是一项技术活，是把蛋放在撒了灰的炭火上慢慢地烤。期间必须不停地翻动蛋，而且火候要掌握好，否则蛋就会破裂。烤蛋的口感与煮蛋截然不同。高温烤过的蛋壳非常脆，剥开时需要一番耐心，但是这是值得的，因为一番等待后换来的，是从未有过的味觉的新奇体验。

烤出来的蛋比水煮的要嫩和香，蛋清也细腻紧实，吃到嘴里很是爽口。蛋黄经烤制散发出的独特焦香，让人垂涎三尺。剥去蛋壳，将鸡蛋在混合着孜然、辣椒面、细盐的小碟子里蘸一下，吃起来别有一番滋味。站着吃烤蛋是一种极为地道的吃法，几个朋友围着一个烤蛋的摊档，眼前是徐徐升高的炉火热气，口中是焦嫩的蛋香，这是一种能让人一辈子记住的味道。

烤鸡蛋的方法很多，除了炭火烤制的同时还有生烤、熟烤的串烤方式。生烤是用细铁钎小心地穿过生鸡蛋，一条铁钎上穿四到五个鸡蛋，放在烤炉上小火烘烤，十几分钟后鸡蛋就熟了。剥去蛋壳，撒上精盐、辣椒粉就可以食用。熟烤则是把煮熟的鸡蛋剥壳后，穿在铁钎上烘烤，各有风味。

关于和田烤蛋的起源，很少有文字的记载，但当地人的一些戏说却活灵活现。有人说，烤鸡蛋是一位和田人偶然间发明的。一天，那人正在沙漠中放羊，饥肠辘辘间遂生火烤了些羊肉吃。当他无意间摸到口袋里的两个鸡蛋时，却发现没有锅。就把鸡蛋放到一边，躺下睡了一觉。等他醒来一看，那两个鸡蛋不知何时滚到火边，已被烤得透出焦黄色。他小心地剥开鸡蛋一尝，味道居然无比鲜美，尤其是受热的蛋清和蛋黄更为绵软酥爽，有不错的口感。后来这一吃法被传出后，人们纷纷效仿。

在许多当地人的记忆里，小时候家里烤馕或是烤肉时，总会在还有余温的炭灰里埋几个鸡蛋。贪玩的小伙伴们会聚在一起玩碰鸡蛋的游戏，玩累了就把蛋剥开来吃。这种美味与娱乐兼得的淳朴时光，在他们的祖辈甚至更遥远的年代，或许就已存在。关于碰鸡蛋，《荆楚岁时记》有载："寒食斗鸡，镂鸡子（鸡蛋），斗鸡子。"可

熟烤则是把煮熟的鸡蛋剥壳后，穿在铁钎上烘烤，各有风味。

见南北朝时，乡间的斗鸡场上，即有碰鸡蛋的游戏。当时，用于比赛的鸡蛋要染色并雕刻出花纹，外观颇为精美。这一习俗在别处已不多见，却在和田却被传承至今，着实让人惊叹。

除了烤鸡蛋，同样来自和田的烤鹅蛋也极具特色。和田维吾尔族人喜欢在河流、滩涂、湿地等地方养殖鹅。随着人们对鹅蛋、鹅肉的需求量日益加大，和田本地土鹅逐渐退出历史舞台，而产蛋量、产肉量更高的四川鹅、伊犁鹅走进了和田农户的庭院中。现在，和田本地平均

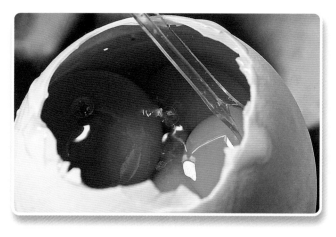

三种蛋黄被称为『三蛋』，藏红花被称为『一星』，因此就有了『三蛋一星』的得名。

每年的鹅蛋产量可以达到 60 万 ~ 80 万枚，光靠夜市烤鹅蛋一项就可以消耗 30 万 ~ 40 万枚。

相比鸡蛋，鹅蛋的营养价值更高。其蛋白质中富含人体所必需的各种氨基酸，且容易被人体吸收。鹅蛋性味甘温，有清脑益智功能，对增强记忆有特效，俗称"聪明蛋"。硕大的鹅蛋如羊脂玉般圆润光滑，烤焦的部分就像披上了一层糖衣，分外诱人。除了蘸料，近几年和田烤蛋摊主也在不断创新，有了"豪华"吃法。将鹅蛋敲开，倒掉蛋清，保留蛋黄，加入鸽子蛋黄、鸡蛋黄，再倒入蜂蜜，最后还要加上少许藏红花、鹿茸、大芸等中草药。三种蛋黄被称为"三蛋"，藏红花被称为"一星"，因此就有了"三蛋一星"的得名。一边烤，一边还要适当地搅拌，5 分钟后，"三蛋一星"就烤好了。烤好的"三蛋一星"最好趁热享用，舀一小勺放在舌尖上，让味道慢慢化开，香、甜、软、糯，夹杂着淡淡药草的清香，令人回味无穷。

藏红花，也称西红花。历史上藏红花曾贵同黄金，即使是现在也是贵重的香料之一。藏红花在《本草纲目》等医药古籍中都有记载，具有镇静、祛痰、解痉之功效，用于胃病、发热、黄胆、肝脾肿大等方面的治疗。

鹿茸，是指梅花鹿或马鹿的雄鹿未骨化而带茸毛的幼角，乃名贵中药材。鹿茸中含有磷脂、糖脂、胶脂、激素、脂肪酸、氨基酸、蛋白质及钙、磷、镁、钠等成分，其中氨基酸成分占总成分的一半以上。古代医家认为，鹿之精气全在于角，而茸为角之嫩芽，气体全而未发泄，故补阳益血之力最盛。明代李时珍在《本草纲目》上称鹿茸"善于补肾壮阳，生精益血，补髓健骨"。在现存文献中，汉代文献就有"鹿身百宝"的说法，有极高的药用价值和保健功效。而鹿的初生幼角——鹿茸，更是被视作"宝中之宝"。

大芸，又名肉苁蓉，也叫"地精"或"金笋"，是一味极其重要的中药材，素有"沙漠人参"的美誉。具有补肾助阳，软坚散结的功效。其性从容不迫，未至滋湿败脾，非诸润药可比。"

和田这道"三蛋一星"的豪华烤鹅蛋，美味的秘诀就在精妙的配料之间。将这几味珍贵中药材作为烤鹅蛋的主要调料，除了味道中带有药草清香之外，烤蛋营养之丰富，绝非其他美味可以比拟。

烤，是最古老的烹饪方法。到了现代，烤，从形式到内容，已经发生了重大变化，但其散发的食物的原始味道却始终未曾改变。和田烤蛋之丰富，名列全疆之首，除了烤鸡蛋、烤鹅蛋外，大到鸵鸟蛋，小到鹌鹑蛋，凡是禽类的蛋都可以烤。

这些本来极容易破碎又极不容易烤制的蛋，被极富智慧的和田当地人用性格里的质朴和温柔的火候降服。如同沙漠中的珍珠一般，耀目于世。每当夜幕低垂，新疆烧烤那芳香而浓烈、缠绵而悠长，烧烤中更为"炙热"的烤蛋也散发着独特的焦香。

烟火缭绕，百味升腾。

生活中从来不乏诗意。

烟火缭绕，百味升腾。

生活中从来不乏诗意。

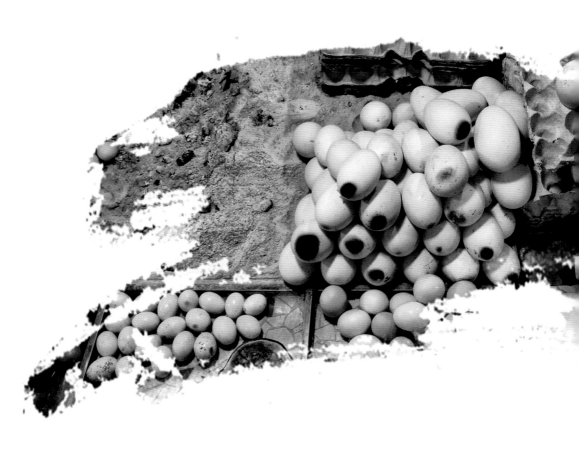

那些炙热的、温暖的、美味的，终将化作人生过处的篇章。
我们在烟火气息里，找寻每一种动人的滋味，发现内心
安宁的力量。

人间有味，人生更有味。

楼兰寻味

罗布泊烤鱼

『鱼』和『羊』组成了汉字里的『鲜』，这是中国人对味道至高无上的评价。每个烧烤爱好者一生总要来一趟西域串都，体味『鱼羊之鲜』的精髓。

塔里木盆地东北缘的新疆尉犁县，有一处罗布人村寨，是维吾尔族一支操罗布方言的"最后的罗布人"的聚居之地。塔里木河与渭干河在这里的交汇，造就了星罗棋布的小"海子"。

鱼，来自村寨远远近近的"海子"。

村长阿布冬的独木舟停在"海子"里，他要在这里试试运气，捕几条鱼回去。

这种独木舟，罗布人称之为"卡盆"，由整根的胡杨木掏制而成。千百年来，罗布人就这样划着大大小小的"卡盆"，走遍了大大小小的"海子"。

他们安然地享受着大自然的馈赠。

新鲜的鱼去鳞清腔，用早已削好的红柳枝，从鱼的上部、中部和下部横穿，将剖开的鱼尽量撑开，再用一根稍长的红柳枝条由鱼的尾部穿到头部。用红柳穿好的鱼，呈扇形斜插在炭火的周围。

烟火，让罗布人村寨的烤鱼别具风情。

炭火发出暖人的光芒，鱼皮慢慢变得焦黄，烤鱼的香味渐渐弥散。

烤熟的鱼，取出木棍，撒上孜然粉、食盐、辣椒面等调料，便可以享用了。外皮柔韧而火辣，内里却依旧松软清香，沁人心脾。

罗布人村寨的烧烤深得原始自然之精髓，在更多的地方，对于烧烤每个人都有着不同的理解。

尉犁又名"罗布淖尔",因其境内著名的罗布泊而得名,意为"水草丰腴的湖泊"。尉犁位于新疆中部,巴音郭楞蒙古自治州腹地,是南疆重要的交通枢纽之一,有库尔勒的"后花园"之称。这里不仅有神奇诡秘的"地球之耳"罗布泊,还有壮美如画、依河而茂的百亩胡杨林保护区,更有沙海浩瀚、漫无边际的塔克拉玛干沙漠盘踞在侧。美丽的风景与神秘的西域风情汇聚于此,尉犁因楼兰和"罗布人"而令人心驰神往。

古罗布泊距今已有1800万年的地质历史，汉朝时期这里曾经有著名的城郭楼兰王国。

古罗布泊距今已有1800万年的地质历史，汉朝时期这里曾经有著名的城郭楼兰王国，是闻名中外的丝绸之路南支的咽喉门户。塔里木河与孔雀河载着天山、昆仑山的雪水，把罗布泊充盈得烟波浩渺，罗布人便依着罗布泊水域、周围的湿地以及原始的胡杨林繁衍生息。面积广阔的沙漠区域无法耕种，罗布人便一生都栖泊在了塔里木河和规模不等的"游移湖泊"上，过起了与世隔绝的生活，直到乾隆二十二年（公元1757年）才被世人发现。据徐松《西域水道记》记载，"罗布人不种五谷，不牧牲畜，唯以小舟捕鱼为食"。

随着塔里木河、孔雀河的水涨水落，罗布泊终于"游"不动了，彻底消失殆尽。由于罗布人赖以生存的湖泊相继干涸，以打渔为生的罗布人只好不断迁移，直到找到了一块绿洲安定下来。这块绿洲正是今天的罗布人村寨，如今不仅是罗布人居住的地方，也是国家ＡＡＡＡ级旅游景区。罗布人村寨距离尉犁县城35千米，方圆72平

方千米的土地上仅居住着二十余户人家，是中国西部地域面积最大的古老村庄，也是罗布人居住的"世外桃源"。寨区涵盖塔克拉玛干沙漠、塔里木河、原始胡杨林和草原等，最大的沙漠、最长的内陆河、最大的绿色走廊和丝绸之路都在这里交汇，形成了黄金品质的天然景观。

世代生活于此的罗布人用枯死的胡杨木剖去一面，掏空树心制成独木舟，既可捕鱼又可渡河。罗布人划着心爱的"卡盆"，穿梭在由河水淤积形成的大大小小的"海子"中，以打渔为生，以捕鱼为食。捕鱼回来，全村各家随意取食，食尽再捕，不分彼此，相处亲密无间。

后来，许多罗布人不再以捕鱼为生，他们有的放牧，有的种植，仍将祖先们的传统烧烤技艺发挥到了极致。他们用"胡杨泪"（碱）发酵面粉，把面饼埋进烧烫的沙子中烤成"沙馕"；把肉块塞进羊肚子后埋入火炭中烤成"煮肉"；把包子贴在碱土壁上烤成"金疙瘩"；把南瓜掏空，放入葡萄干、胡萝卜、羊油等烤成"乌玛什"（糊糊），等等。这些美食正如同罗布人的生活方式一样，古朴而天然，伴着塔里木的河水汩汩而来，延续至今，带着浓烈的独特风格，逐渐形成了罗布人独有的烧烤文化。如今，更是尉犁美食中不可或缺的一部分。

在《舌尖上的中国》第二季中，烤得香酥、肉嫩汁多的红柳烤羊肉串作为南疆地区的特色美食，吸引了大家的目光。其实，罗布人村寨中的红柳烤鱼，更是将罗布人烤鱼独特的方法和风味展现于世人面前。

美食

碧蓝的天空下，罗布人头顶着蓝天，坐着"卡盆"外出捕鱼。辛苦过后，人们将"卡盆"停靠在岸边，把捕捞的鱼沿腹部剖开，去除内脏，保持鱼脊相连。用削尖的粗红柳枝沿鱼脊肉由下到上纵向穿过，用细的红柳枝横向将鱼展平，再把穿好的鱼插入河边的沙滩上，排成一排，找来一些干燥的红柳枝在鱼的旁边点燃，进行烘烤。

在烤鱼的过程中，撑开的鱼肚子朝下，这样烤制出的鱼受热均匀，不易烤焦。被撑开的鱼造型别致，有种张开翅膀去拥抱火焰的感觉。待鱼烤到七八成熟时，撒些食

一切源于自然又取之于自然，是罗布人的生活态度。

盐，更加入味。在 200℃高温下炙烤产生的风味化合物，不仅味道更香醇，也保证了烤鱼的鲜美。罗布泊烤鱼的独特之处在于，除了盐，什么都不放，一旦添加其他调料，就不能称为"罗布人的烤鱼"了。这种原生态的方式烤出来的鱼，肉质也会更加鲜嫩多汁、外脆里嫩、香气四溢，带着塔里木河的味道，让人回味无穷。

一切源于自然又取之于自然，是罗布人的生活态度。红柳烤鱼虽然做法简单，用料单一，但却将食物本身的味道以最佳的状态释放出来，也向人们呈现出罗布泊人对于食鱼的精湛技艺和至高追求。

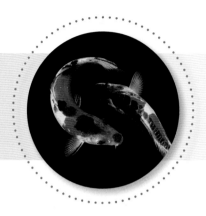

而关于烤鱼文化的由来，相传则是由三国时期流传至今。据说有一日，刘备、关羽、张飞三人聚于皇榜之下，结义于桃花园。祭罢天地，复宰牛设酒，聚乡中勇士，得三百余人，就桃园中痛饮一醉，大鱼大肉痛快一番。期间，有个姓张的厨子负责烹饪，他有一手炭火烤鱼的绝活，味美醇和，鲜上加鲜。刘备等大喜，酒肉过后士气大振，刘备盟誓曰："汝等烹饪有佳，当记头功。"后刘备登基，定此烤鱼为蜀国国菜。"三国三结义烤鱼"由此而来。

岂其食鱼，必河之鲂。岂其娶妻，必齐之姜。岂其食鱼，必河之鲤。岂其取妻，必宋之子。

烤鱼的由来还有另一种说法。当时隐居的诸葛亮最爱吃的一道菜就是烤鱼。诸葛亮常备家宴，邀几位好友共品烤鱼美味。后来，他专程派人将制作烤鱼的名厨接到身边，负责军中饮食。刘备称帝后，诸葛亮又将其推荐至宫中升为御厨。这种烤鱼不但诸葛亮百吃不厌，刘备、关羽、张飞等人也很喜欢吃，成了皇家御宴上一道不可缺少的美食。

今天，人们已不在乎民间传说的出处，只在意那唇齿间传承的文化韵味。

自古以来，中华的饮食文化与传说故事密不可分，人类在制作和品尝各类鱼肉美味的同时，也创造了丰富的饮食文化。如今，根据各地口味的不同，烤鱼也逐渐发展出了多种烹调技法，不同地域的风味烤鱼都可以在新疆觅得其踪。其中，普及最广的要数川味烤鱼，它与尉犁地区的红柳烤鱼有着鲜明的区别，在充分借鉴传统川菜与火锅用料特点的基础上，融合了腌、烤、炖三种工艺的精华，风味更加浓郁，具有辣味清透、鲜香适口的特色。同时为满足不同人群的口味需求，还延伸出蒜香、麻辣、香辣、双椒等不同特色的口味，并可在食鱼之后添加汤料，放入各色菜品，当火锅食用。

一道古法红柳烤鱼，让我们被香气萦绕的同时，也深深
钦佩着那些坚守传统的罗布人。罗布人依
旧用歌声伴着"卡盆"远行，折一根
红柳，穿一条野鱼，起一堆炭火，
将河流、沙漠、胡杨、湖泊汇
集于此，各负使命，和谐共生，
快速发展。他们用最原始的
方式满足着味蕾的需求，延
续着生命的奇迹，传承着
祖先的骄傲。一年一度
的罗布人民俗烧烤节上，
人潮如织，游客们不仅
了解了罗布人的悠久历
史，倾听了罗布人的民间传说，

还欣赏了罗布人的服饰和罗布人的歌舞汇演，大快朵颐罗布人的特色烧烤，零距离感受罗布泊独特的沙漠风光、蜿蜒的塔里木河、千姿百态的胡杨林。如今烧烤节已经成为尉犁县的一大旅游品牌。

对比流光溢彩、变化万千的城市，这淳朴天地间的一餐一饭、一点一滴的传承，才是中华民族饮食文化不断融合、生生不息的生命源泉。

毛炉烤味

羊腿面包

不论时间如何流转、制作技巧几经翻新、新奇食材如何混搭，那些藏在记忆深处的味道，依然牵引着人们走向那烟火至味的美食人间。

食材的混搭，总是会产生奇妙的反应。远在新疆西北的塔城市，高雅洁用羊腿肉和面粉创造出了一道神奇的美味。

高雅洁在塔城开了一家饭店，她在无意中制作出的羊腿面包，是塔城独一无二的美食。想要享用，需要提前预约。

纤维嫩滑的羊羔前腿肉，是羊腿面包的精华。

用来烤制羊腿面包的俄式烤炉，是高雅洁的奶奶传下来的。

这个炉子要用柴火来烧，最好的木柴是松木和果木，因为松木和果木的香味，可以渗透到炉壁，食材放入后，香味可以吸收到食材里边。

整条羊腿被剁成小块，撒上精盐、孜然、辣椒面等，经过几个小时的腌制，羊腿肉已经充分入味。

高雅洁处理面团的方式也是跟奶奶学的，类似于传统的俄式列巴。

一整只羊腿肉被全部包裹在面皮里，撒上洋葱，成品最终被做出羊腿形状，就可以放入烤盘了。

羊肉和洋葱配合在一起，是最好的味道。

经过 4 个小时的烘烤，羊腿面包出炉了。

将已经烤至金黄的面包打开，热气升腾，混合了洋葱和羊肉的浓郁香味四溢在空气中。新鲜面包的松软和麦香、羊肉的金黄脆嫩，会让旅人忘记还有远方。

无烧烤，不新疆。

塔城地区，地处新疆西北部，曾是中国通往中亚的重要通道。"塔城"以"塔尔巴哈台"和"绥靖城"中的二字定名。因地处新疆塔尔巴哈台山以南，流淌着纵横交错的大小河流，其中5条河流穿城而过，故塔城又被誉为"五弦之都"。这里既有山高林密、沟深水澈的山地，也有牧草繁茂、矿藏富饶的丘陵；既有物产丰盛、光热充沛的草原，也有旷野戈壁、黄沙漫漫的沙漠。在这样多姿多彩的地方，自然少不了热情好客的人们，还有热情似火、滋味独到的美食。独特的地理位置，神奇秀美的山水，为这里打造出了丰富的食材和独特的塔城味道。

塔城地区是俄罗斯族聚居较多的地区，因此塔城的饮食文化也融合了俄罗斯族饮食和新疆本地饮食特色，这些美食不仅成就了独特的塔城风味，更丰富着多彩交融的中华饮食文明。

羊腿面包，即面包烤羊腿，也被人们戏称为"超大号的烤包子"。它是塔城地区一种以羊腿为主，融合俄罗斯大列巴和新疆馕包肉的民间美食。其高蛋白、低脂肪、柔嫩多汁、无膻不腻的特点被全疆各族人民所喜爱。凡是品尝过这道既可以当主食，又能够当菜肴的美食的人，无不对其印象深刻。切开香喷喷的外层面包，鲜嫩多汁的羊肉块就会在第一时间将人们的感官神经充分开启。咬一口肉，再配一块面包，既解馋又顶饿，着实享受。

成就这道美食的，一是得益于塔城良好的生态环境和得天独厚的气候条件，出产的农副产品品质优良；二是一个被称为"俄式毛炉"的烤炉；三是这道美食的制作者高雅洁，将中西方文化进行了巧妙的融合与创新。

这道偶然被发明的羊腿面包，还是出自于一次食客的临时起意。当时一次性要放进烤炉的食材都准备好了，客人想加一道馕包肉。可这时厨房只剩下做列巴余留的一块边角料和一条羊腿，高雅洁就把这两样从未尝试过的食材进行了混搭。没想到，这道无意间成就的美味出炉后，连皮带肉都被分得精光，受到了客人们的一致好评。

酥脆的面包下包裹着鲜嫩多汁的羊腿，看似简单的食材组合，但其背后却有着很深的门道。首先就是选材的考究，制作羊腿面包的羊腿，必须选用新鲜的小羊羊腿，才能保证这道美食肉质酥烂，味道香醇的口感。整条羊腿需要剁成小块，经过几个小时的腌制，才能充分入味。

面皮做得好坏，决定着这道美食的颜值。面粉中放入白糖、碱面、酵母粉拌匀，用温水和面，面团揉至光洁滑润，类似传统的俄罗斯列巴。这样制作的面包皮烤熟后颜色金黄、麦香浓郁、外脆内松、越嚼越香。一整只羊腿肉被全部包裹在面皮里，再撒上洋葱，这样才能保证最好的味道。

咬一口肉，再配一块面包，既解馋又顶饿，着实享受。

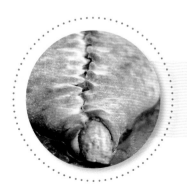

在烤制的过程中火候很重要，如果火候过大，面包皮就会糊，不好吃；如果火候太小，里面的羊腿肉就会不熟。选用西式烘焙方法加热制熟的羊腿面包，外皮裹着羊腿的咸香，油脂通过烘烤全都被外皮的面包吸收，羊肉鲜嫩且不油腻，焦香四溢，香气扑鼻。

用刀叉把面包的外皮切开时，仿佛有一种探秘宝藏的感觉。当羊腿露出来的一刹那，香味也会一下飘溢出来。叉上一小块肉蘸点辣椒面，配上洋葱，再撕一点面包一起入口，肉质鲜嫩，滋味香浓，此刻只想闭上眼睛，慢慢享受。

火炉，很早就是人类生活中不可或缺的用具。世界上许多民族都有自己的火炉，其中俄式火炉便以其独特的形式闻名于世。俄式火炉一般由土或砖建成，体积非常巨大。其功能多种多样，主要有取暖、照明、做饭、洗澡、睡觉等。火炉在俄罗斯文化中占据着非常重要的地位，俄罗斯族许多风俗习惯、礼仪都同火炉有着密切的关系。

酥脆的面包下包裹着鲜嫩多汁的羊腿，看似简单的食材组合，但其背后却有着很深的门道。

俄式火炉一般呈四方形，炉口呈拱形，有炉门或无炉门，木柴或煤炭通过炉口放进炉膛。炉膛内部温度最高可达500℃，这一温度正好可以烘烤上好的面包。俄式火炉可以烤鸡、烤鸭、烤鱼、烤羊排、烤列巴等。许多研究者证实，经典的俄式火炉一次可以烤制50~60千克的面包，足够一个七口之家吃一周。俄式火炉烹饪出来的食物和菜肴非常美味可口，味道无与伦比。

面包是俄罗斯族重要的主食之一，古往今来，俄罗斯面包一直是迎接客人的最高礼仪，往往会被摆在餐桌最显著的位置。在所有俄罗斯面包中，列巴又是俄罗斯族最喜欢的一道美食。

列巴能够在塔城市保持着纯正俄罗斯风味、散发特殊诱人香味的主要原因，源于这里生长着的野生啤酒花。过去，每到秋季，山上的啤酒花成熟时，生活在塔城市的俄罗斯族民众就会赶着马车，全家一起上山采啤酒花、摘马林果和树莓、打柴火等。这些活动几乎都是围绕着他们的终端产品——列巴展开的。

制作列巴时先用麦麸和啤酒花制成酵母，然后用这种酵母发酵面团，反复揉搓后，分成形状有圆有方、有大有小的面团装进烤盘，等发酵出松软且有无数气泡的面团后，放进俄式烤炉中。这样烤制的列巴外层焦黄诱人，内里松软可口、芳香四溢、唇齿留香。厨师在制作面包时，坚持用纯手工的方式来制作，他们认为，只有用手细细揉出来的面包，才能拥有最好的口感。

在所有俄罗斯面包中，列巴是俄罗斯族最喜欢的一道美食。

列巴纯正的吃法是先切块，再切片，然后抹上熬制好的果酱或者夹上俄式火腿、薄片酸奶酪食用。塔城地区的俄罗斯族最喜欢的果酱是草莓酱和马林酱，对于他们而言，只有搭配上甜入心脾的果酱，才算成就出列巴最好的滋味。

一道羊腿面包，包裹着不同民族的饮食文化和塔城人精益求精的精神。这里从不讲究山珍海味、玉盘珍馐，只要是灵动双手成就的美味，没人会计较是在大殿还是巷尾。往往所有令人难以忘怀的滋味都是那些质朴的味道，因此便拥有了灵气和灵魂。

三鲜全宴

「海陆空烧烤」

「海陆空」烧烤，名字里映射着新疆人的谐趣性格。生活在『海子』里的鱼，代表『海』；山上的羊，代表『陆』；鸡因为有翅膀，成为『空』的代表。『海陆空』其实代表着三种食材。

制作"海陆空"烧烤，一般选用草鱼、羊腿或者羊肋排、土鸡的鸡翅和鸡腿。经过 8~12 个小时地精心腌制，调料与肉已经充分接触并入味。然后将其放入特质的肉槽，一同烤制，方能确保食材的口感。

"海陆空烧烤"食材除了鱼、羊肉、鸡肉外，往往还会配以土豆、红薯及其他蔬菜。

在新疆，没有不敢往烤架上放的东西，肉类、蔬菜、水果、海鲜……新疆的烟火，早就历尽人间百味。

因为同时烤制不同食材，"海陆空烧烤"要较一般的烧烤更显复杂。对于前来学习"海陆空烧烤"的徒弟，王保平总是不厌其烦地教授着其中的要领。

烤出来的肉，在出炉后撒上洋葱，用以解腻，再配上烤熟的馍馍片和辣椒，百味交织，各显其美。当巨大的烤肉槽子呈现在食客面前时，视觉的冲击、味觉的体验，都是无以伦比的。

当微凉的晚风抚过后背，围坐在一起享用"海陆空烧烤"的人是如此的幸福。

新疆地处亚寒带，冬日时长，漫长的冬季使得新疆人的热量消耗极大。那么，储存热量最直接的办法就是进食，因此菜量大、分量足也就成了新疆菜的一大特点。

作为最具新疆美食特色的烧烤，也充分体现了这一特色。唯有大，才是王道。烧烤美味之终极之烤，非海陆空莫属。"海陆空烧烤"，是新疆的一种烧烤方法，因其烤肉量大，种类丰富，味道鲜美，盛用器具壮观，故被称为"新疆最猛的烧烤"。鱼、羊、鸡是"海陆空烧烤"的主要原料，新疆话常这样形容，"海里游的，地上跑的，天上飞的，都让你吃上"。

海陆空
原料

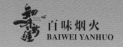
最先出现"海陆空烧烤"一说，据传是新疆奇台县塘坊门六村一位姓赵的村民在家庭宴会上所创造的一道美食。因广受亲友和乡邻们的喜爱，争相效仿学习，后来逐渐在奇台、木垒、吉木萨尔、阜康、米泉、昌吉、乌鲁木齐、伊犁等地流行开来，最后演变成新疆烧烤行业的豪华巨宴。

烧烤，应该是人类最简单的烹调方式之一。一堆火，一块肉，部分调味品，基本就齐活。但是很多时候，简单未必意味着好操作。相同的食材，相同的操作流程，不同的人做出的味道也会不尽相同。烹饪中有个重要的词汇——火候。烧烤的火候大致是所有烹调方式中最难把握的，在瞬息万变的火焰下，温度的掌握往往需要凭借经验。在炽热的火焰下，食材十秒前和十秒后的口感都会有天壤之别。

"海陆空烧烤"的烤制工艺算是烧烤界极为复杂的，烤制单个品类不难，但是一次性要将一盘之中的鱼肉、羊

肉、鸡肉以及各类蔬菜分别烤得不焦、不生，且鲜嫩多汁，
鲜香入味，却是极难把握的。要烤出一盘称得上优秀的"海
陆空烧烤"，需得练就一身烧烤的好功夫。对火候的掌控、
肉品的挑选、调料的拿捏，等等，都需要烧烤师傅在不
断地练习中得以精进。

为了让烤制出来的肉更加入味，在烧烤前，主要食材都
需要经过 8 ~ 12 个小时复杂的腌制。腌制完成后，先将
土豆和红薯的切片平整均匀地铺在专用的盛盘底层，再
分别将腌制好的鱼肉、鸡肉、羊肉平铺在上层。如此多
量的烤肉，普通的烤肉槽根本无法完成，味道也会相差
甚远，所以需要专用的烧烤坑来烤制。

新疆的烧烤坑通常不使用金属材质，而是用土块盘制，俗称"土坑"。土块被烧红后，温度恒定，非常适宜烤肉，且在坑内烤制的肉中会带有一份泥土和木炭的淡淡清香。馕坑作为土坑中的代表，是人们最常见到的一种烧烤坑。馕坑内部为椭圆形，可烤馕、烤肉、烤鸡、烤羊排、烤鸽子、烤全羊等。有趣的是，这种大小不一的椭圆形土坑，新疆人皆称之为"馕坑"，而没有叫"肉坑"的。其实，在新疆还有一种土坑，就是"海陆空烧烤"用到的方形烤坑。如果说馕坑一般用来烤制吊烤或贴烤的食物，那么方形烤坑则更适合烤制放在烤盘中的食物。与传统的馕坑烤制方式一致，待坑内温度烧热后，将放在烤盘上的"海陆空"食材送进炉坑里，封住洞口烘烤即可。

制作"海陆空烧烤"，鱼一般选用草鱼，羊肉选用羊腿、羊肋排，鸡肉则选用土鸡的鸡翅和鸡腿。草鱼，是中国四大家鱼之一，营养价值极高，味道鲜美。选用草鱼来制作这道美食是看中了草鱼肉质嫩滑细腻的鲜香特质。当厨师精心寻觅到最佳烤制温度时，便解锁了食客们舌尖上美妙的肉脂香醇。选用羊排，则源于它肥而不腻、外酥而不失汁水、细嫩而不失韧性的绝妙滋味。之所以选用鸡翅、鸡腿，是因为这两个部位都是鸡身上活动最

新疆的烧烤坑通常不使用金属材质，而是用土块盘制，俗称『土坑』。

94

馕坑烤制

多的地方，肌肉多、脂肪少、有嚼劲、口感好，集鸡肉
之鲜。三样主要食材完美配搭，上桌前，撒上一些洋葱瓣、
香菜、辣椒丝等调配，把烤盘直接端抬上桌，一盘就是
一桌，让人真正感受到大盘的极致诱惑。

长 80~150 厘米、宽 40~60 厘米的"海陆空"烤盘端上桌，
第一眼就会让食客的感官得到强烈的冲击。满满一盘烤肉，
被抬到餐桌上时，人们会被海量的烤肉所震惊。色味俱全、
食材丰富、分量十足、香味浓郁，常让人在不知不觉间
咽起口水。土坑烤出来的肉又软又香、外焦里嫩、鲜嫩
多汁、油而不腻。烤肉表面裹满孜然和花椒，肉香味十足，
使附于其表的佐料一点也不显得多余，反而更入味、更
鲜香。鱼肉、羊肉、鸡肉虽然经过了同样的工序，使用

『福禄寿考』从本质上说的是四种食材，鲜鸡片、鹿肉、肥羊和白鱼。

了同样的调味料，但其口味并未被同化或有所减弱。鱼肉的嫩、鸡肉的精与羊肉的香融合一盘之中，形成了中国饮食追求的极致——鲜。

说起新疆人的饮食，在很多人的第一印象里就是大块吃肉、大碗喝酒的粗犷、豪侠，这种印象来源于自古以来农耕地区对周边游牧民族的传统记忆。民以食为天，食以火为源。新疆烧烤是集传统与现代美味于一身，融本地及各地特色之所长的饮食代表。而"海陆空烧烤"便在这一盘之中充分地展现了这一特色，其取料广泛、配菜恰当、选料新鲜、火候得当、五味调和、鲜嫩适口等特点为越来越多的人所惊叹。

烹饪的起点在哪里，终点又在何处，不同的民族有着自己的答案。新疆的地大物博和新疆人的豪爽性格，其实都在这一餐一食中充分体现。新疆美食并不仅仅是盘子大，而是各有做法、各有特色，吃起来酣畅淋漓，这其中更加体现了新疆人热情好客的情谊与胸怀。天南海北，不变的永远是人们对美好生活的追求。当食物化作平凡的一日三餐，呈现出风味的千姿百态，人们更应该体察这道美食背后所包含着的无数心手合一的铸造，和执着永续传承的坚守之心。

烤肉的炉火从未熄灭，罗布人烤鱼时的歌声仍在湖面回荡，"海陆空烧烤"的鲜香正在萦绕，羊腿面包的创新脚步也从未停止，和田烤蛋的故事还在继续……

而舌尖上的美味在新疆这片离海洋最远的土地上历经传承、创新、繁衍、变迁，从未停歇，回荡着新疆山河的波澜壮阔。

这些来自四面八方的味道既代表了一种生活，更代表着一种态度，向世人展现出真正的最有温度的新疆味道。